油气储运企业高风险作业安全检查系列丛书

U0873576

脚手架使用与安全检查

国家管网集团东部原油储运有限公司　组织编写

中国石化出版社

图书在版编目（CIP）数据

脚手架使用与安全检查 / 国家管网集团东部原油储运有限公司组织编写 . — 北京：中国石化出版社，2022.10
（油气储运企业高风险作业安全检查系列丛书）
ISBN 978-7-5114-6801-7

Ⅰ. ①脚… Ⅱ. ①国… Ⅲ. ①石油与天然气储运 - 脚手架 - 安全检查 - 技术培训 - 教材 Ⅳ. ① TE88

中国版本图书馆 CIP 数据核字（2022）第 155933 号

未经本社书面授权，本书任何部分不得被复制、抄袭，或者以任何形式或任何方式传播。版权所有，侵权必究。

中国石化出版社出版发行
地址：北京市东城区安定门外大街 58 号
邮编：100011 电话：（010）57512500
发行部电话：（010）57512575
http：//www.sinopec-press.com
E-mail：press@sinopec.com
北京富泰印刷有限责任公司印刷
全国各地新华书店经销
*
787×1092 毫米 32 开本 2.5 印张 46 千字
2023 年 9 月第 1 版 2023 年 9 月第 1 次印刷
定价：25.00 元

《油气储运企业高风险作业安全检查系列丛书》

编委会

主　任： 何　兵

副主任： 周文沛　刘　伟

编　委： 龚　乐　姜志兵　梁蔚超　陈德良　韩　今　赵　彬　徐　芳　王兢兢　张大鹏　齐世明　于雁飞　徐　岩　崔志伟　刘英剑　李　军　王安琪　彭　宇　曹田胜　龚　伟　李桃河　胡志诚　徐伟彬　况　亮　王克宇　朱　超　席利军　郭联社

插　画： 刘林灵　陈　遥

《脚手架使用与安全检查》

编审人员

主　编：王兢兢　徐　岩　崔志伟

审　核：梁蔚超　刘英剑

前言

脚手架是指由杆件或结构单元、配件通过可靠连接而组成，能承受相应荷载，具有安全防护功能，为工程施工提供作业条件的结构架体，包括作业脚手架和支撑脚手架。

作业脚手架由杆件或结构单元、配件通过可靠连接而组成，支承于地面、工程结构上或附着于工程结构上，为工程施工提供作业平台和安全防护的脚手架。

支撑脚手架由杆件或结构单元、配件通过可靠连接而组成，支承于地面或工程结构上，可承受各种荷载，具有安全保护功能，为工程施工提供支撑和作业平台的脚手架；包括以各类不同杆件（构件）和节点形式构成的结构安装支撑脚手架、混凝土施工用模板支撑脚手架等。脚手架如今广泛应用于管道储运公司的土建施工、设备维修、储罐除锈等施工作业中。

对于危险性较大的分部分项工程（搭设高度 24m 及以上的落地式钢管脚手架工程；附着式升降脚手架工程；悬挑式脚手架工程；异型脚手架工程），施工单位需编制专项施工方案；专项施工方案应当由施工单位技术负责人审核签字、加盖单位公章，并由总监理工程师审查签字、加盖执业印章后方可实施。危大工程实行分包并由分包单位编制专项施工方案的，专项施工方案应当由总承包单位技术负责人及分包单位技术负责人共同审核签字并加盖单位公章。

对于超过一定规模的危大工程（搭设高度50m及以上的落地式钢管脚手架工程；提升高度在150m及以上的附着式升降脚手架工程或附着式升降操作平台工程；分段架体搭设高度20m及以上的悬挑式脚手架工程），施工单位应当组织召开专家论证会对专项施工方案进行论证。实行施工总承包的，由施工总承包单位组织召开专家论证会。专家论证前，专项施工方案应当通过施工单位审核和总监理工程师审查。

专项施工方案经论证需修改后通过的，施工单位应当根据论证报告修改完善后，重新履行签字审核加盖公章程序。专项施工方案经论证不通过的，施工单位修改后应当按照本规定的要求重新组织专家论证。

为了规范脚手架的使用及安装拆除过程，确保施工安全，统一现场监护人员认识，特编写《脚手架使用与安全检查》，以便对公司区域范围内脚手架的管理以及安装、使用、拆除环节进行标准化、规范化管理。脚手架种类较多，东部原油储运公司常用的有扣件式钢管脚手架、门式脚手架和碗、盘扣式脚手架三类，本书将对此三类脚手架进行重点讲解。

本书内容根据GB 55023—2022《施工脚手架通用规范》、GB 50484—2019《石油化工建设工程施工安全技术标准》及《国家管网集团作业许可安全管理细则》等制度进行编写。适用于公司所辖区域内工程建设、监理、承包商脚手架的相应管理工作，也适用于各安全监督部门、专业安全管理部门及施工单位对施工现场的监督和检查。

目录

第一章 脚手架搭设与使用基本要求

（1）脚手架搭设和拆除前应根据工程特点编制脚手架专项施工方案，并应经审批后实施。

脚手架专项施工方案应包括以下主要内容：

①工程概况和编制依据；

②脚手架类型选择；

③所用材料、构配件类型及规格；

④结构与构造设计施工图；

⑤结构设计计算书；

⑥搭设、拆除施工计划；

⑦搭设、拆除技术要求；

⑧质量控制措施；

⑨安全控制措施；

⑩应急预案。

本工程 5~19 层外双排脚手架采用 $\phi 48\times3.5$ 钢管单立杆脚手架，脚手架搭设高 H=57.6m。双排脚手架用于结构施工和装修施工。需对此脚手架进行验算。计算参数如下：

参数名称及符号	参量	参数名称及符号	参量
搭设高度 H	57.6m	立杆截面积 A	489mm^2
步距 h	1.5m	钢材抗压强度设计值 f_c	205N/mm^2
立杆纵距 l_a	1.5m	立杆截面抵抗距 W	5080mm
立杆横距 l_b	1.2m	立杆回转半径 r	15.8mm
作业层数 n_1	2	基本风压 W_0	0.35kN/m^2
连墙杆竖距 h_w	3.0m	脚手架与建筑物间距	0.30m
连墙杆横距 l_n	3.0m	小横杆挑出 b	100mm

专项技术方案示例

（2）钢管脚手架安装与拆除人员必须是经考核合格的专业架子工。架子工应持《中华人民共和国特种作业操作证》上岗。作业人员要有社区或者县级以上医疗机构体检健康合格报告。

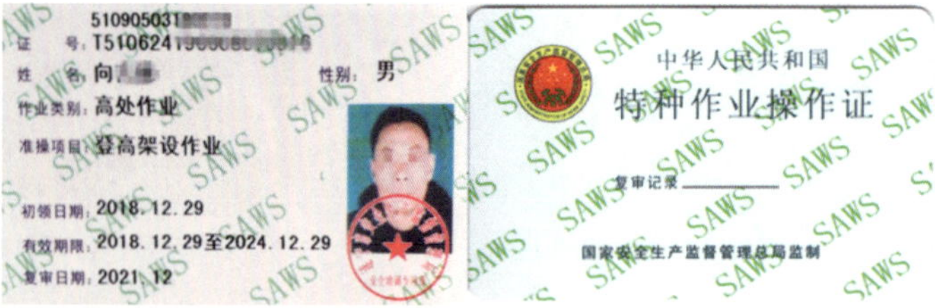

（3）脚手架搭设前应进行安全技术交底，并有交底记录；按要求办理安全作业票，设置警戒区。搭设时安排专人监护，无关人员不得进入。

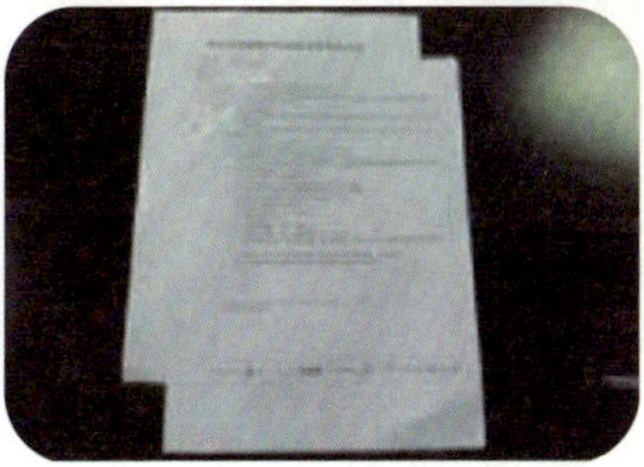

安全技术交底卡

接受交底人员签字

（4）搭拆脚手架人员必须戴安全帽、系安全带、穿防滑鞋。安全带应该采用符合安全要求的合格产品，高挂低用。

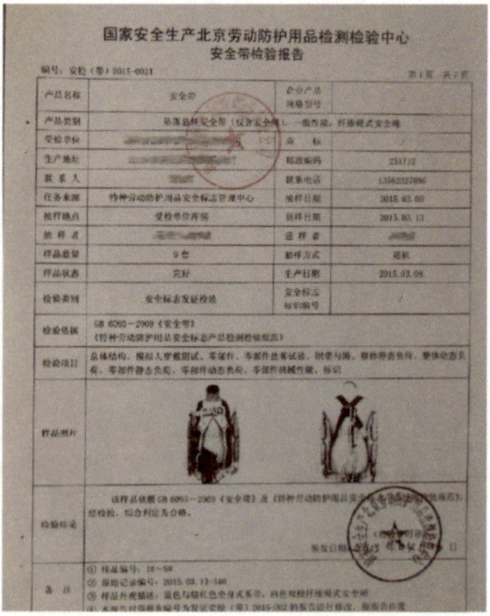

国家安全生产北京劳动防护用品检测检验中心
安全带检验报告

编号：安检（带）2015-0021　　第1页　共2页

产品名称	安全带	企业产品规格型号	
产品类别	坠落悬挂安全带（仅含安全绳）、一般作业、纤维绳式安全绳		
受检单位	[illegible]	商标	/
生产地址	[illegible]	邮政编码	[illegible]
联系人	[illegible]	联系电话	[illegible]
任务来源	特种劳动防护用品安全标志管理中心	抽样日期	2015.03.09
抽样地点	受检单位库房	到样日期	2015.03.13
抽样者	[illegible]	送样者	[illegible]
样品数量	9套	抽样方式	随机
样品状态	完好	生产日期	2015.03.08
检验类别	安全标志发证检验	安全标志标识编号	/
检验依据	GB 6095—2009《安全带》 《特种劳动防护用品安全标志产品检测检验规范》		
检验项目	总体结构、模拟人穿戴测试、零部件、零部件盐雾试验、织带与绳、整体静态负荷、整体动态负荷、零部件静态负荷、零部件动态负荷、零部件机械性能、标识		
样品照片			
检验结论	该样品依据GB 6095—2009《安全带》及《特种劳动防护用品安全标志产品检测检验规范》，经检验，综合判定为合格。 签发日期：2015 年 [illegible] 日		
备注	① 样品编号：1#~9# ② 原始记录编号：2015.03.13-340 ③ 样品外观描述：蓝色与橘红色全身式系带，白色双股纤维绳式安全绳 ④ 本报告替代原编号为发证安检（带）2015-002的报告进行修改，原报告作废		

（5）遇六级及以上大风和雨、雪、雾、雷电天气应停止脚手架作业。雪后上架作业应及时扫除积雪并做好防滑措施。

（6）搭设脚手架的场地应平整坚实，符合承载要求，并有排水设施。对于土质疏松、潮湿、地下有空洞、管沟或埋设物的地面，应经过地基处理。

（7）在脚手架基础邻近处进行挖掘作业时，不得危及脚手架的安全使用。

（8）脚手架的周边与带电体之间的最小安全操作距离应符合 JGJ 46—2005《施工现场临时用电安全技术规范》的规定，见下表。

在建工程（含脚手架）周边与架空线路边线之间的最小安全操作距离

外电线路电压等级 /kV	<1	1~10	35~110	220	330~500
最小安全操作距离 /m	4.0	6.0	8.0	10	15

注：上、下脚手架的斜道不宜设在有外电线路的一侧。

当钢脚手架在相邻建（构）筑物的防雷保护装置的保护范围以外时，依据 GB 50484—2019《石油化工建设工程施工安全技术标准》的规定安装防雷装置，见下表。

安装防雷装置的施工设施高度

地区年平均富暴日 /d	≤ 15	>15，<40	≥ 40，<90	≥ 90
施工设施高度 /m	≥ 50	≥ 32	≥ 20	≥ 12

注：地区年平均雷暴日数按气象主管部门公布的当地年平均雷暴日数为准。

当最高设施上避雷针（接闪器）的保护范围按滚球法计算，能保护其他设施时，其他设施可不设防雷装置。防雷接地的冲击接地电阻不得大于 30Ω。除独立避雷针外，在接地电阻符合要求的前提下，防雷接地装置可以和其他接地装置共用。

（9）传递脚手架材料、配件时不得抛扔。手持工具要系工具绳，工具要放在工具袋内。进行交叉作业时要实施“错时错位硬隔离”。

（10）脚手架各部件要符合国家标准要求，使用前对其表面应进行防锈处理，对钢管刷防锈漆、涂警示色，对扣件进行润滑。

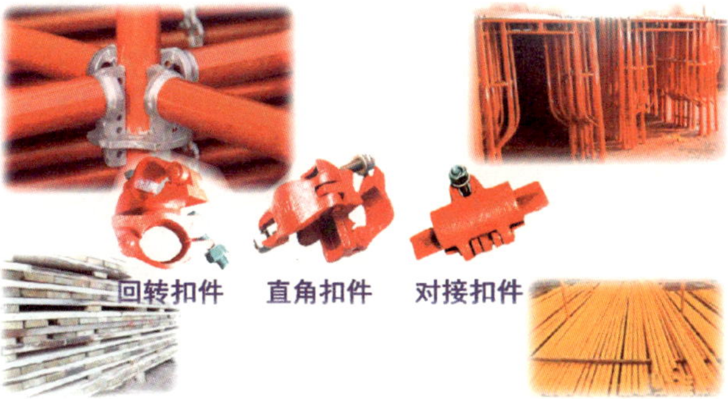

（11）脚手架搭设完毕，应根据方案经检查验收合格后挂牌使用。验收标识牌按以下图形制作。

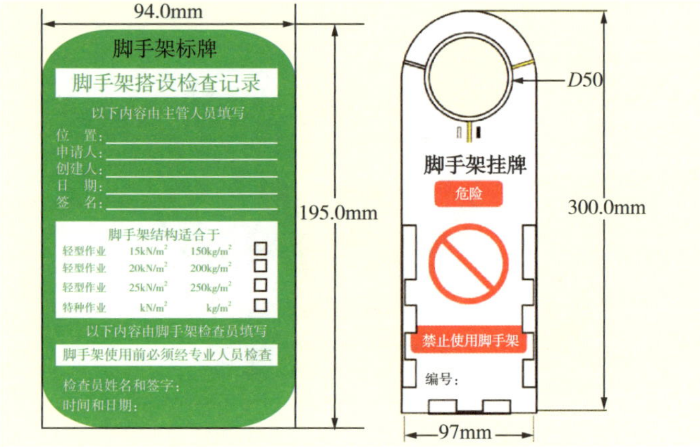

脚手架检查验收标识牌示意图

（12）脚手架使用过程中，严禁进行切割或焊接；未经批准，不得拆改脚手架。

（13）施工作业临时用电架空线应采用绝缘导线经横担和绝缘子架设在专用电杆上，不得架设在树木或脚手架上，绝缘导线的绝缘外皮不得存在老化、破裂现象。

（14）作业人员在脚手架上进行动火作业时，要对周边可燃物进行清理。

（15）脚手架作业层上的施工荷载应符合设计要求，不得超载。

第二章 扣件式钢管脚手架

扣件式钢管脚手架是指为建筑施工而搭设的，承受荷载的，由扣件和钢管等构成的脚手架与支撑架，统称扣件式钢管脚手架。扣件为采用螺栓紧固的扣接连接件。

一、基本概念

（1）扣件

扣件式钢管脚手架应采用可锻铸铁制作的扣件，其材质应符合现行国家标准 GB 15831—2006《钢管脚手架扣件》的规定，使用时扣件螺栓拧紧扭力矩应在 40~65N · m 之间，达到最大值时扣件不得发生破坏。

扣件周转材料应进行全数检查，不得有裂纹、变形、螺栓滑丝；扣件与钢管接触部位不应有氧化皮；活动部位应能灵活转动，旋转扣件两旋转面间隙应小于 1mm。

回转扣件

直角扣件

对接扣件

（2）钢管

脚手架钢管宜采用 $\phi 48.3 \times 3.6$ 钢管。每根钢管最大长度不应大于 6m，厚度不应小于 3.24mm，每根钢管的最大质量不应大于 25.8kg。

在钢管使用前，应对其进行全部检查，钢管表面应平直光滑，不应有裂纹、结疤、分层、错位、硬弯、毛刺、压痕、划道及严重锈蚀等缺陷，不应打孔、不应焊接。

二、扣件式钢管脚手架基本组成

扣件式钢管脚手架由外立杆、内立杆及横向水平杆等组成。见下图。

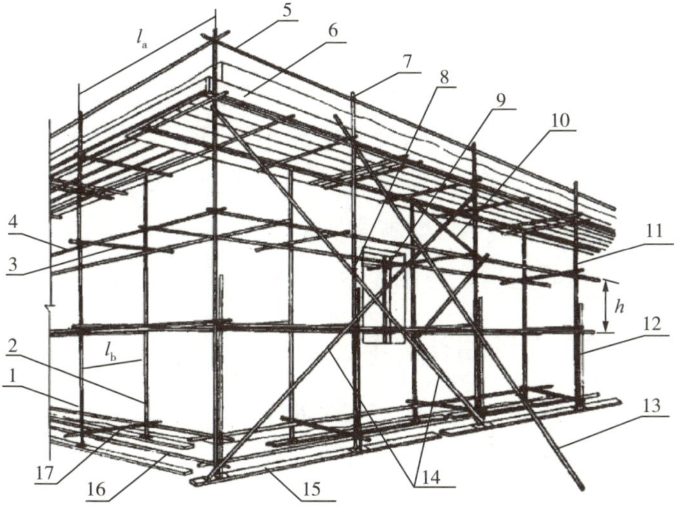

扣件式钢管脚手架组成

1—外立杆；2—内立杆；3—横向水平杆（小横杆）；4—纵向水平杆（大横杆）；5—护栏；6—挡脚板；7—直角扣件；8—旋转扣件；9—连墙件；10—横向支撑（横斜杆）；11—主立杆；12—副立杆；13—抛撑；14—纵向支撑（剪刀撑）；15—垫板；16—纵向扫地杆；17—横向扫地杆；l_a—纵距；l_b—立杆横距；h—步距

三、落地式扣件脚手架基本尺寸要求

（1）双排脚手架立杆横距宜为 1.05~1.55m，单排脚手架立杆横距宜为 1.2~1.4m；

（2）脚手架立杆的纵距宜为 1.2~2.1m；

（3）脚手架步距宜为 1.5~1.8m，底层最大不超过 2m；

（4）横向水平杆应采用直角扣件固定在纵向水平杆上；在相邻立杆之间根据支撑脚手板需要加设 1~2 根；

（5）单、双排与满堂脚手架搭设高度为 20~50m 时，立杆垂直度允许偏差为 ±100mm。

四、立杆相关要求

（1）脚手架的每根立杆底部应设置底座和垫板，底座放在垫板上，垫板宜采用长度不少于 2 跨、板宽不小于 200mm、厚度不小于 50mm 的实木材料制作，也可采用槽钢。

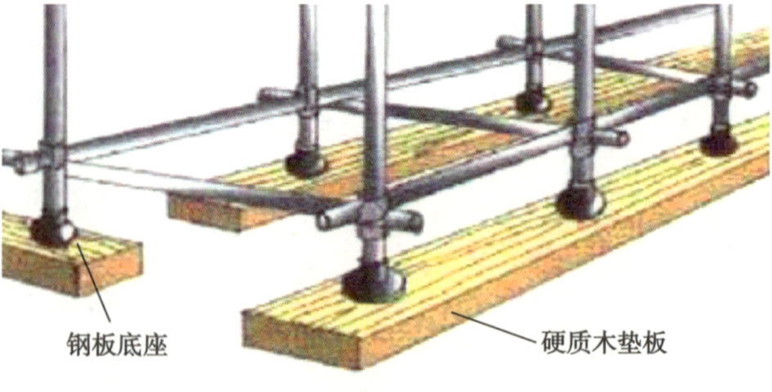

（2）当立杆基础不在同一高度上时，应将高处的纵向扫地杆向低处延伸 2 跨并与立杆固定，高低两处的扫地杆高度差不应大于 1m，且上方立杆离边坡的距离应不小于 500mm。

（3）脚手架应设置纵向扫地杆和横向扫地杆。纵向扫地杆应采用直角扣件固定在距底座底端不大于 200mm 处的立杆上，横向扫地杆应采用直角扣件固定紧靠在纵向扫地杆下方的立杆上。

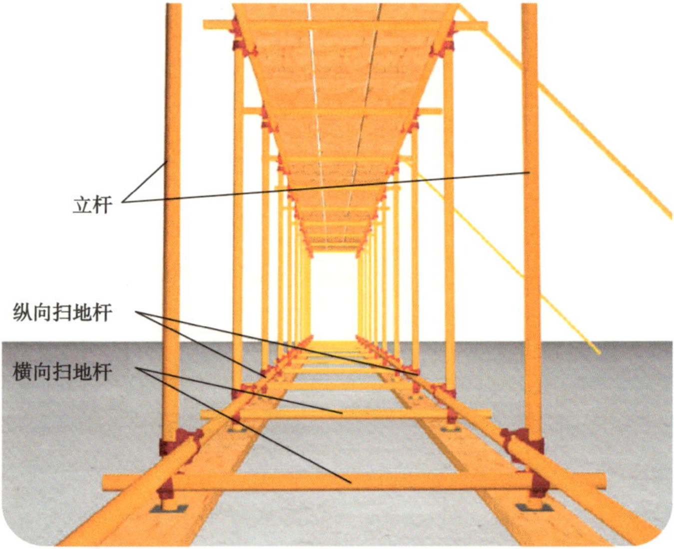
立杆
纵向扫地杆
横向扫地杆

纵向扫地杆
横向扫地杆
不大于200mm

（4）立杆除顶层顶部外，应采用对接扣件接长；立杆顶层顶部可采用搭接，搭接长度不应小于 1m，至少用两个旋转扣件连接。

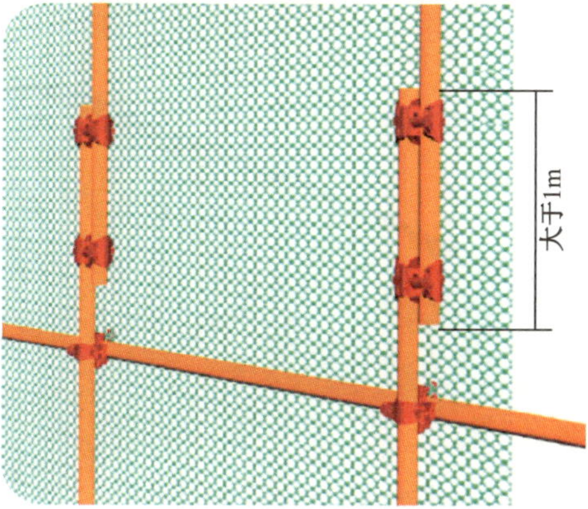

（5）立杆的对接扣件应交错布置，两根相邻立杆的接头不应设置在同步内，同步内隔一根立杆的两个相隔接头在高度方向错开的距离不宜小于 500mm；各接头中心至主节点的距离不宜大于步距的 1/3。

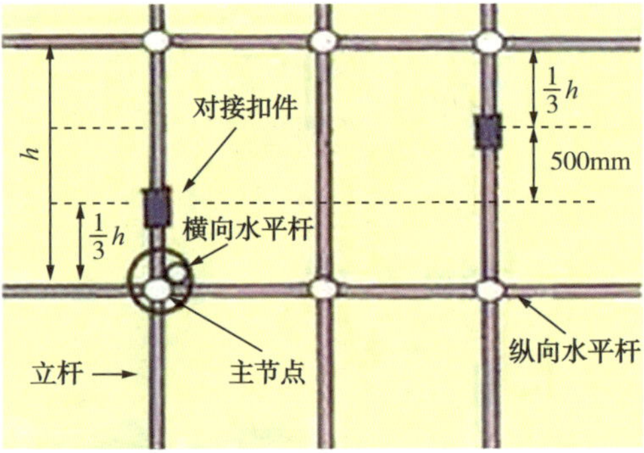

（6）立杆顶端栏杆宜高出女儿墙上端 1m，宜高出檐口上端 1.5m。

五、水平杆相关要求

（1）纵向水平杆接长应采用对接扣件连接或搭接，搭接长度不应小于 1m，应等间距设置 3 个旋转扣件固定；端部扣件盖板边缘至搭接纵向水平杆杆端的距离不应小于 100mm。

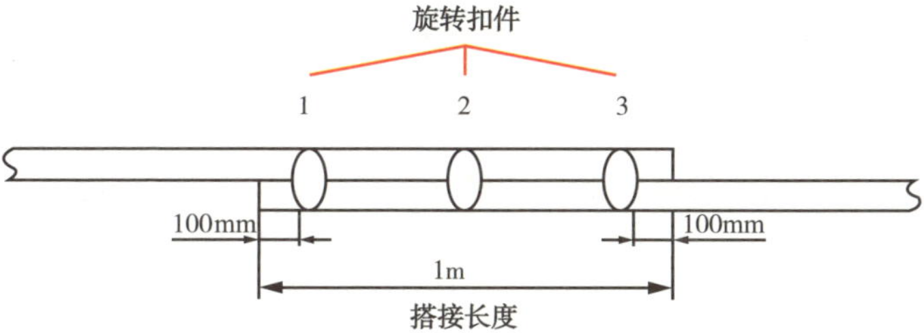

（2）纵向水平杆应随立杆按步搭设，并采取直角扣件与立杆固定，应设置在立杆内侧，单根杆长度不应小于 3 跨。

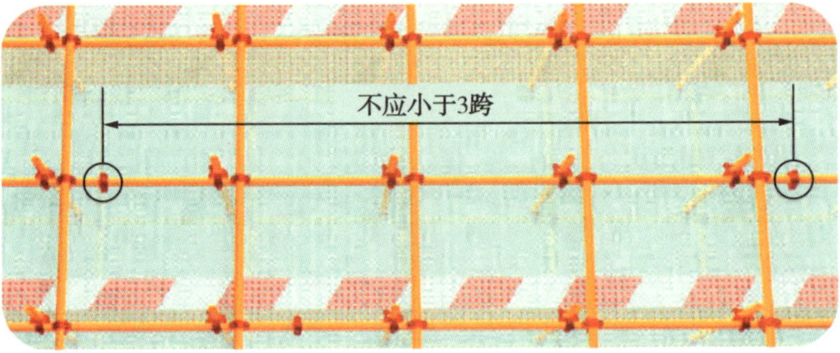

（3）两根相邻纵向水平杆的接头不应设置在同步或同跨内；不同步或不同跨两个相邻接头在水平方向错开的距离不应小于 500mm；各接头中心至最近主节点的距离不应大于纵距的 1/3。

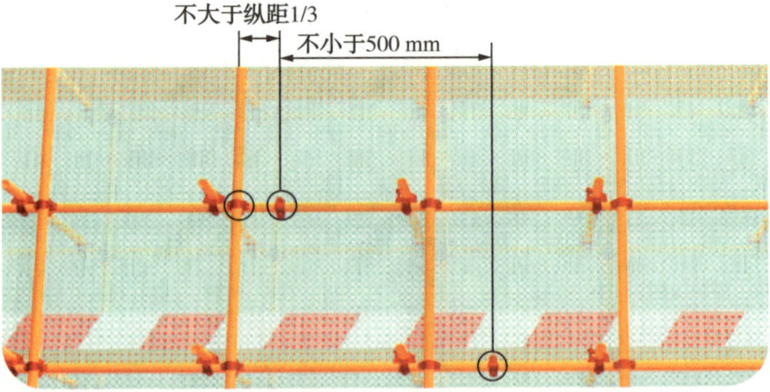

（4）横向水平杆两端均应采用直角扣件固定在纵向水平杆上，靠墙一端的外伸长度不应大于 500mm。

（5）作业层上非主节点处的横向水平杆，宜根据支撑脚手板的需要等间距设置，最大间距不应大于纵距的 1/2。

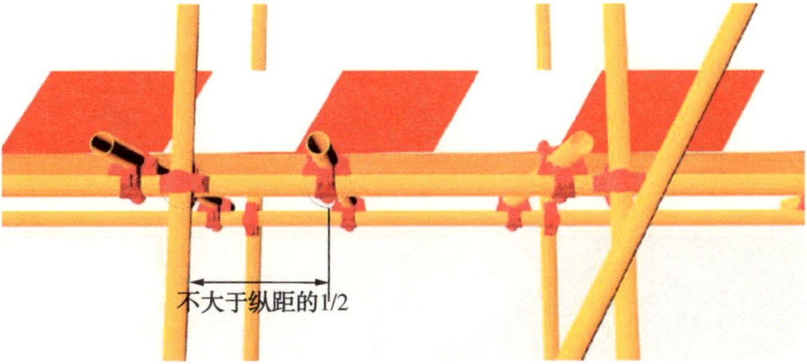

（6）当使用冲压钢脚手板、木脚手板时，双排脚手架的横向水平杆两端均应采用直角扣件固定在纵向水平杆上。单排脚手架的横向水平杆的一端应用直角扣件固定在纵向水平杆上，另一端应插入墙内，插入长度不应小于 180mm。

（7）主节点处必须设置一根横向水平杆，用直角扣件扣接且严禁拆除。

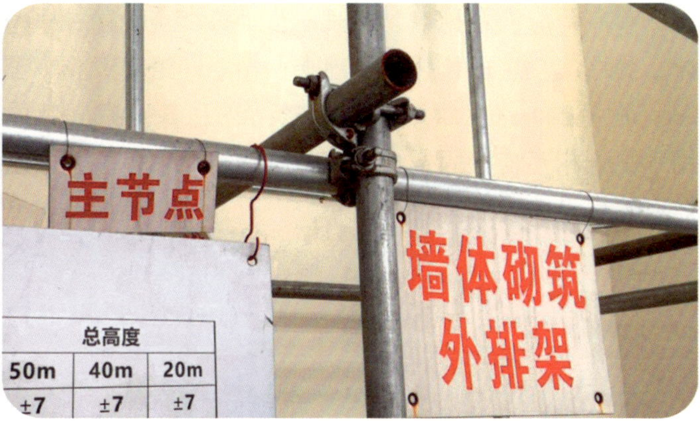

六、抛撑与连墙件相关要求

（1）当脚手架开始搭设立杆或架设高度在 6m 以下时，第一跨应设置抛撑，超过 2 跨时每 2 跨设置一根抛撑；抛撑应使用通长杆。落地支点与立杆距离不应小于 3m，抛撑与地面的倾角应为 45°~60°；各抛撑底部应用水平杆相互连接固定，并与脚手架连成一体。抛撑应在连墙件设置之后拆除。

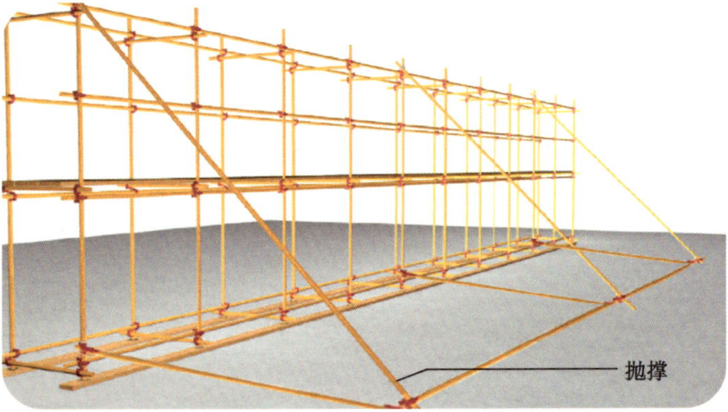

（2）当脚手架搭设高度超过 6m 时应设连墙件，连墙件应靠近脚手架主节点并从底层第一步纵向水平杆处开始设置，与脚手架连接点距主节点不应大于 300mm。连墙件应采用可承受拉、压荷载的刚性结构，连接应牢固，不得使用柔性连墙件。

（3）搭设高度在 50m 以下的落地式双排脚手架和搭设高度在 24m 以下的单排扣件式钢管脚手架，连墙件应按间隔 3 步距和 3 纵距连续设置，当搭设高度超出上述范围时，连墙件的位置、数量应按专项施工方案设置。

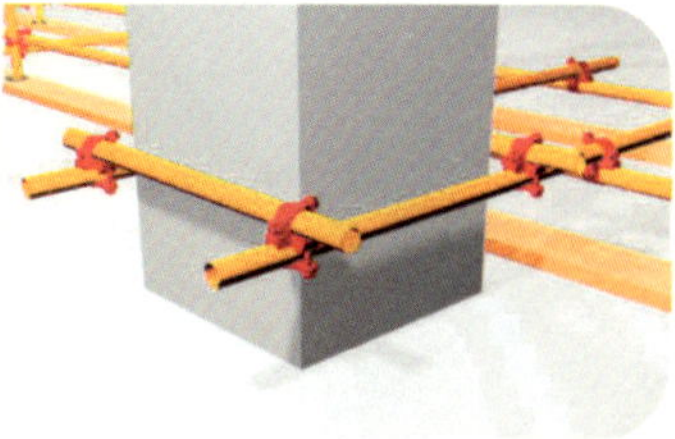

（4）非封闭型脚手架的两端应设置连墙件，连墙件的垂直间距不应大于建筑物或构筑物的层高，且不应大于 4m。应优先采用菱形布置，或采用方形、矩形布置。连墙件应呈水平设置，当不能呈水平设置时，与脚手架连接的一端应下斜连接。

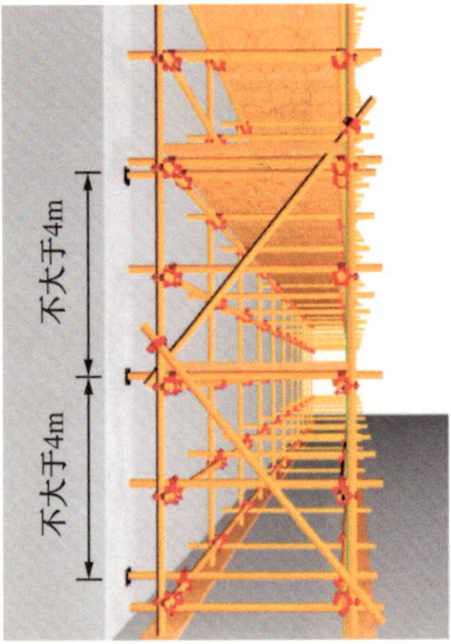

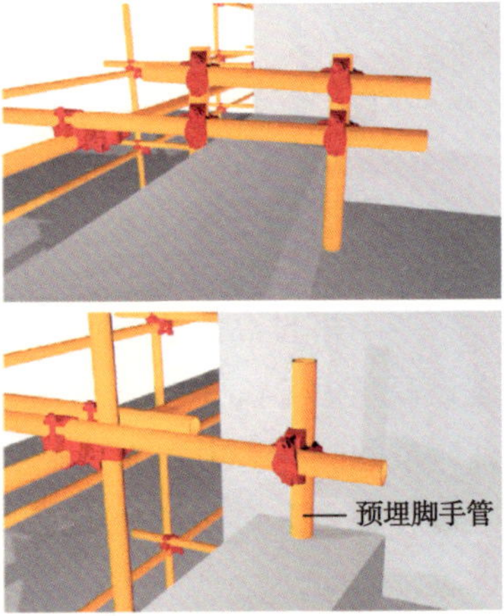

七、剪刀撑与横向斜撑相关要求

（1）双排脚手架应设置剪刀撑与横向斜撑，单排脚手架应设置剪刀撑。每道剪刀撑跨越立杆的根数应按下表的规定确定。

剪刀撑跨越立杆的最多根数

剪刀撑斜杆与地面的倾角 α/(°)	45	50	60
剪刀撑跨越立杆的最多根数 n/ 根	7	6	5

（2）每道剪刀撑宽度不应小于 4 跨，且不应小于 6m，斜杆与地面的仰角应为 45°~60°。

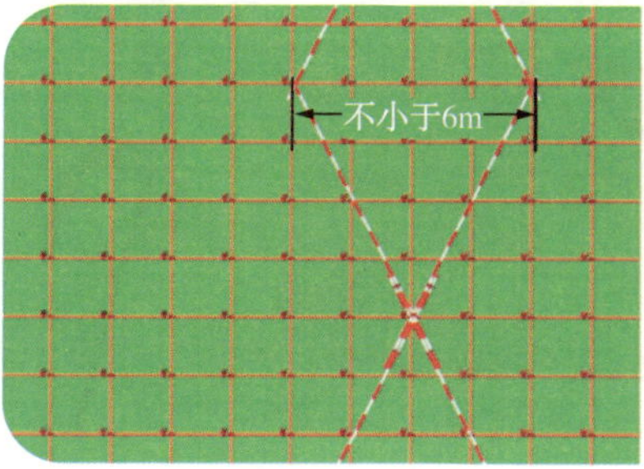

（3）剪刀撑斜杆采用搭接时，搭接长度不应小于1m，应等间距设置3个旋转扣件固定；扣件边缘离杆端头不小于100mm；剪刀撑斜杆应用旋转扣件固定在与之相交的横向水平杆的伸出端或立杆上，旋转扣件中心线至主节点的距离不应大于150mm。

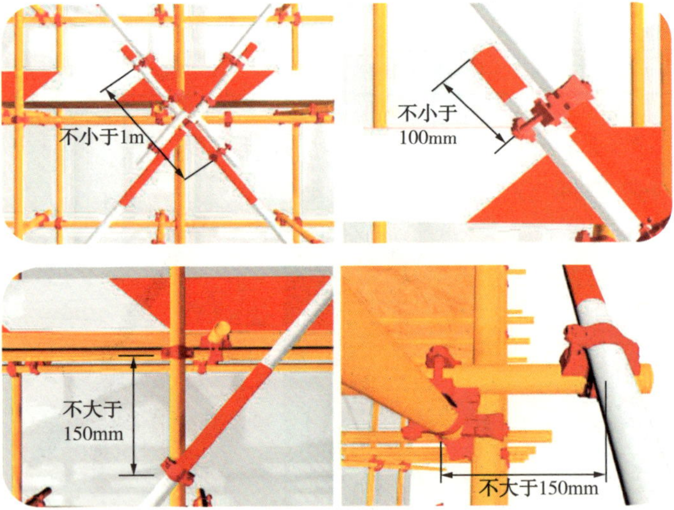

（4）高度在24m及以上的双排脚手架应在外侧全立面连续设置剪刀撑；高度在24m以下的单、双排脚手架，均必须在外侧两端、转角及中间间隔不超过15m的立面上，各设置一道剪刀撑，并应由底至顶连续设置。

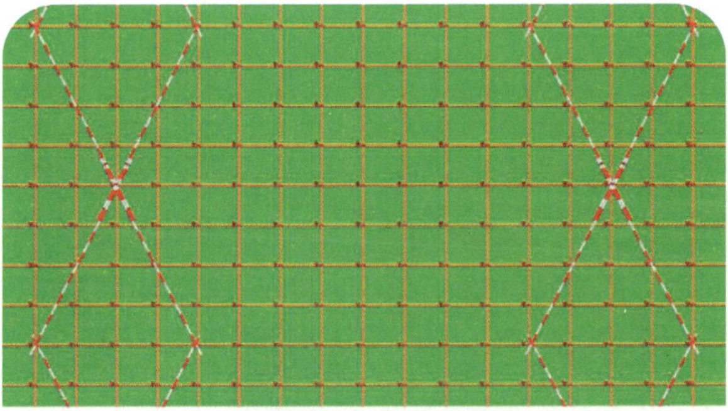

剪刀撑(高度24m以下)设置示意图一

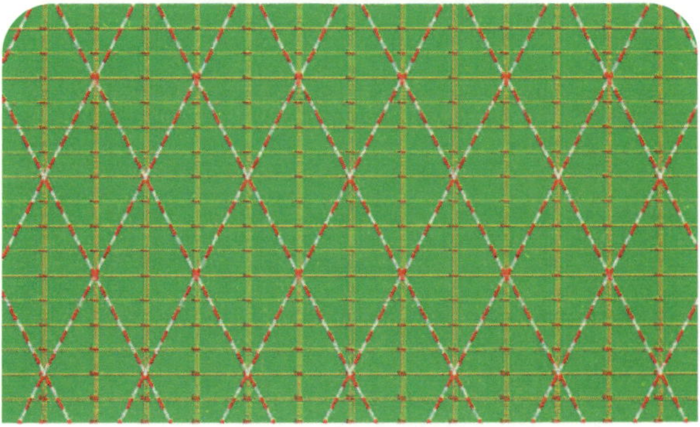

剪刀撑(高度24m及以上)设置示意图二

（5）双排脚手架横向斜撑应在同一节间，由底至顶层呈“之”字形连续布置；高度在 24m 以下的封闭型双排脚手架可不设横向斜撑，高度在 24m 以上的封闭型脚手架，除拐角应设置横向斜撑外，中间应每隔 6 跨距设置一道。开口型双排脚手架的两端均必须设置横向斜撑。

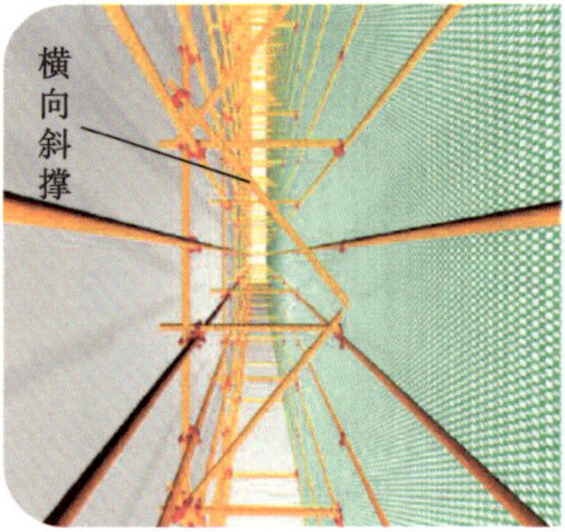

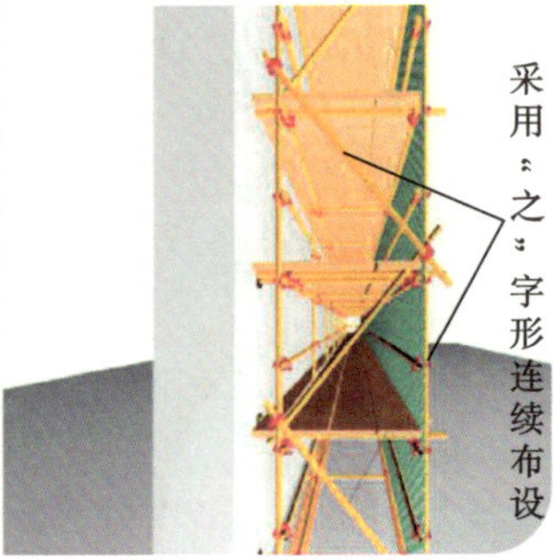

八、脚手板与防护栏相关要求

（1）作业层脚手板应铺满、铺稳、铺实。脚手板应设置在三根横向水平杆上。对接平铺时，接头处应设置两根横向水平杆，脚手板外伸长度应为130~150mm。

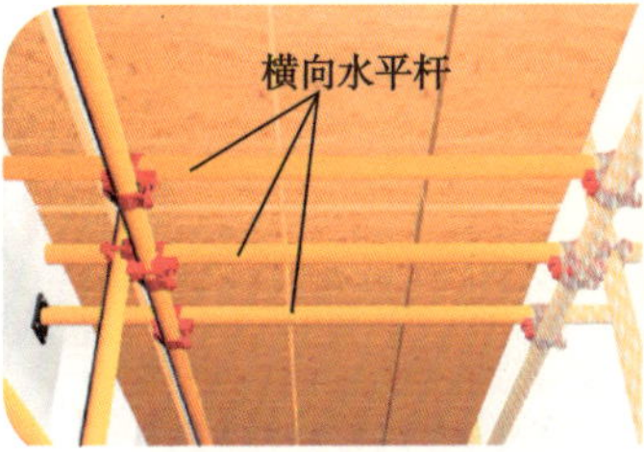

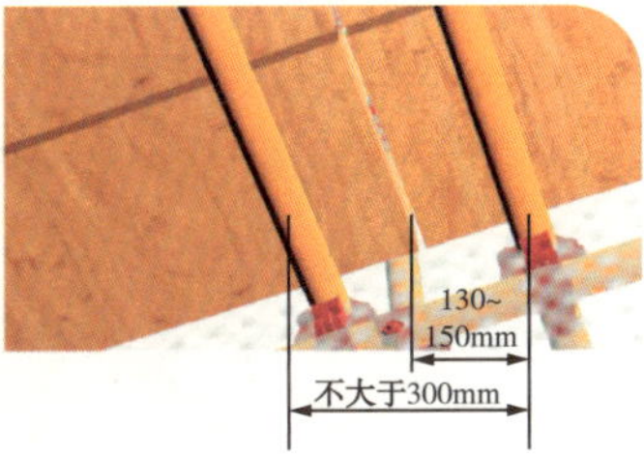

（2）脚手板搭接铺设时，接头应支在横向水平杆上，搭接长度不应小于200mm，其伸出横向水平杆的长度不应小于100mm。

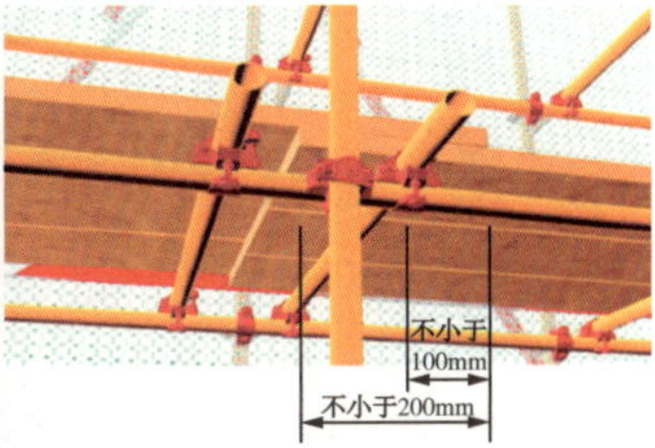

（3）作业层端部脚手板探头长度应取150mm，其板的两端均应固定于支撑杆件上。脚手板两端宜用10#镀锌铁丝双股绑扎或使用钢板卡固定，铁丝接头应设置在脚手板的侧面或下面。脚手板离墙面距离不应大于150mm。

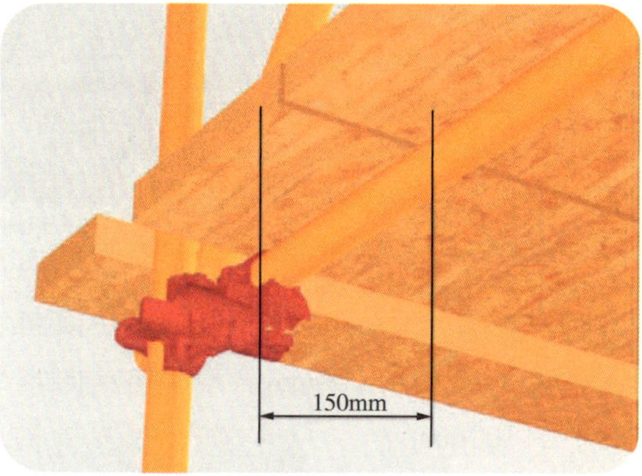

（4）脚手板作业层临边侧均应安装挡脚板，位于外立杆内侧，宜采用木质板，厚度不小于15mm，高度不应小于180mm，与脚手架平台间的缝隙不能超过10mm。

（5）各杆件端部扣件盖板的边缘至杆端距离不应小于100mm。

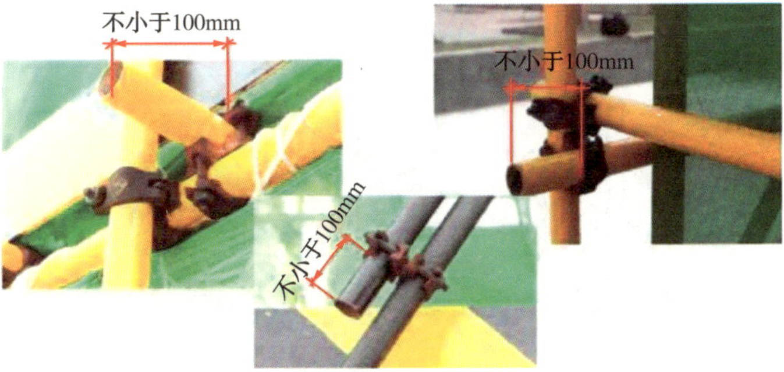

（6）脚手架作业层四周应搭设防护栏，防护栏应采用脚手架钢管搭设；脚手架外侧栏杆上栏杆离作业面高度为 1.2m，中栏杆离作业面高度为 0.6m。

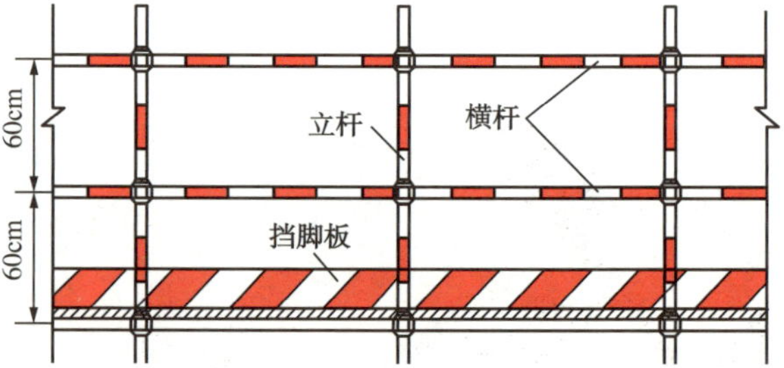

九、井字架相关要求

（1）井字架一般用于井道、柱子、钢结构安装、临时作业平台等，对其要求和双排脚手架一样，对扫地杆、剪刀撑、步距、跨距、排距等有同样要求。在安装工程中常见的井字架有落地式固定井字架、落地式无固定井字架和非落地式固定井字架三种。

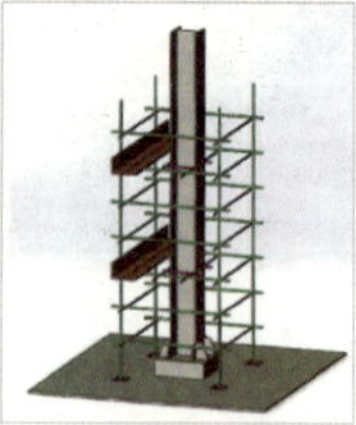
落地式固定井字架

落地式无固定井字架

非落地式固定井字架

（2）井字架不能独立搭设，必须与刚性连墙件、结构柱、框架柱、钢结构柱等进行稳固连接。

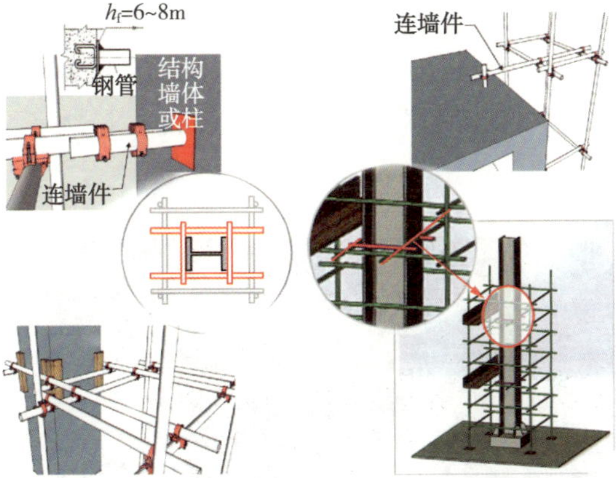

（3）当井字脚手架搭设高度小于 6m 时，在脚手架外侧应设置单向剪刀撑，当搭设高度大于等于 6m 时，在脚手架的外侧应设置双向剪刀撑。

十、爬梯相关要求

（1）垂直设备或构件的每一个作业层之间均应设置直爬梯做上、下通道，直爬梯可采用成型金属梯架设，也可采用脚手架钢管搭设；搭设的直爬梯宽度宜为600mm，直爬梯的挡距宜为300mm，最大不应超过400mm。

（2）在地面上第一、二步内，直爬梯可以在脚手架外侧；在第三步以上，直爬梯应设在脚手架内侧。直爬梯顶部工作面开口周围应有防护栏，直爬梯伸出工作平台不宜小于0.9m。

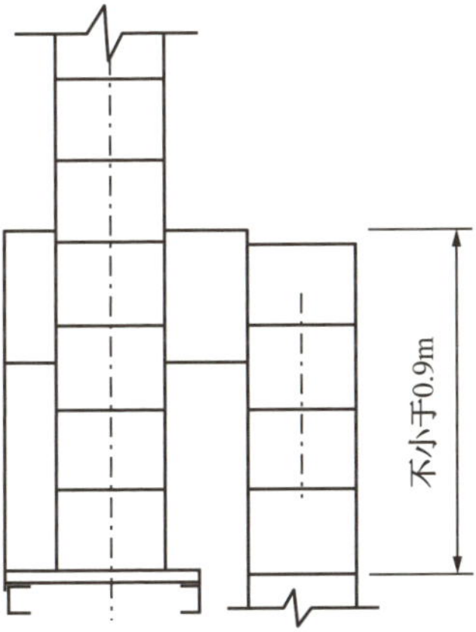

（3）直爬梯在每层作业平台的出口处应设置盖板或活动防护栏，盖板宜用50mm厚木板制作并设有定位止口，活动防护栏至少应有两道横杆。

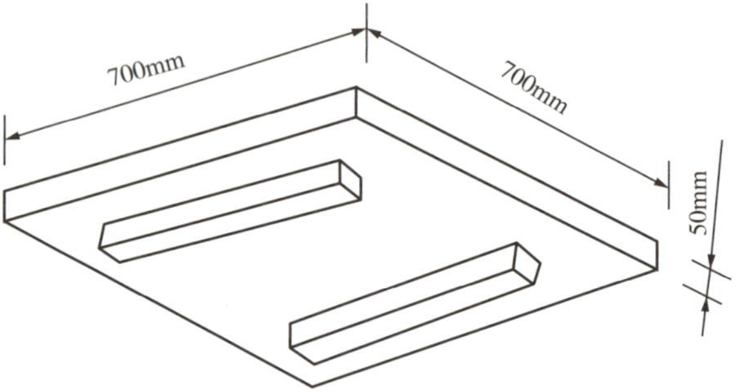

盖板结构示意图

（4）直爬梯超过 6m 应设置转角平台，转角平台宽度不应小于 700mm；对不能转换方向的，高度超过 6m 时，在直爬梯的顶部应设置防坠器、锁绳器等防止垂直坠落的措施。

十一、其他要求

（1）对于高度大于 6m 的脚手架，宜采用“之”字形斜道，附着搭设在脚手架的外侧，不得借用脚手架立杆；人行斜道坡度不大于 1∶3，宽度不得小于 1m；当斜道用于运料时，坡度不应大于 1∶6，宽度不得小于 1.5m；斜道外围均应设防护栏和挡脚板。

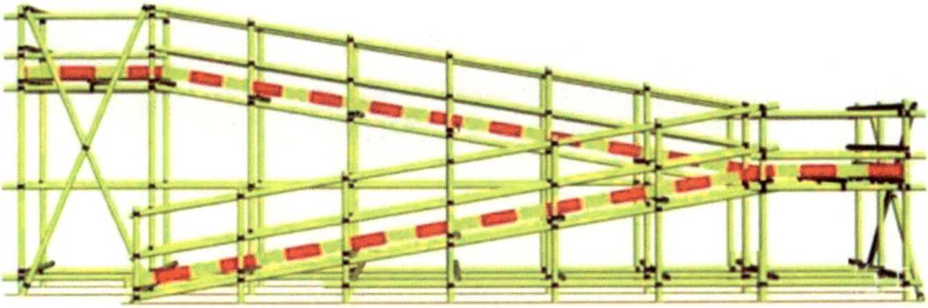

（2）斜道外侧应设置剪刀撑；斜道脚手板应满铺，每隔250~300mm设一防滑木条，木条厚度宜为20~30mm。

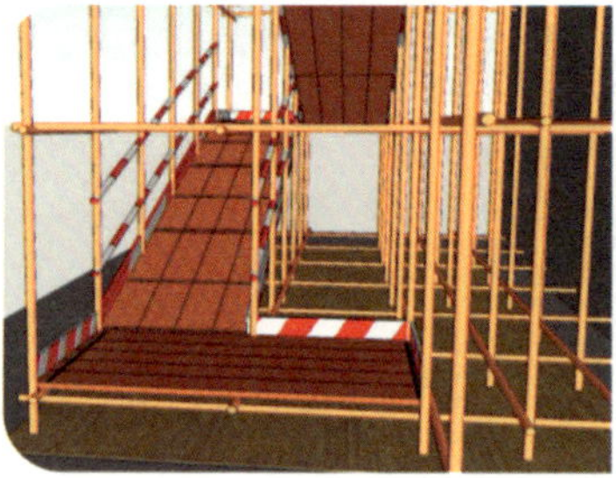

（3）储罐脚手架搭设施工时架体应围绕罐体基础外围均匀布设，形成环形双排脚手架。

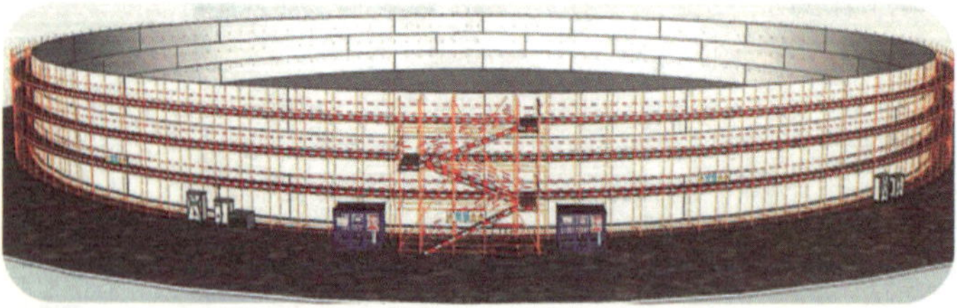

（4）落地式脚手架外侧必须满挂密目式安全网，且用专用绳索牢固而严密地固定在纵向水平杆上。

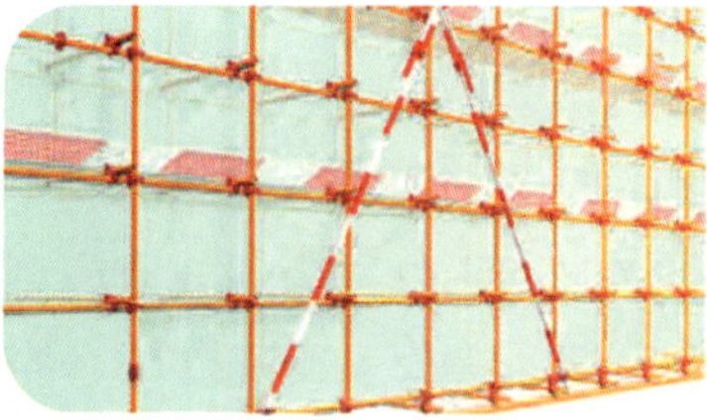

同材质绳索绑扎

（5）沿所施工建筑物每 3 层或高度不大于 10m 处应设置一层水平防护。

第三章 门式脚手架

一、门式脚手架构成及特点

门式脚手架是建筑用脚手架中应用较为广泛的脚手架之一。由于主架呈“门”字形，所以称为门式或门型脚手架。这种脚手架主要由主框、横框、交叉斜撑、脚手板、可调底座等组成（见下图）。

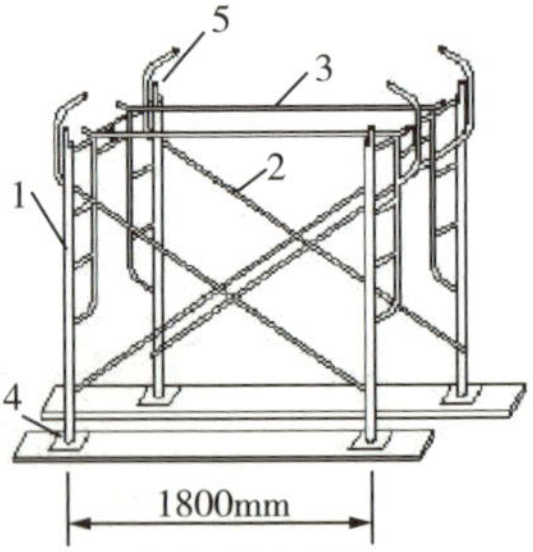

（a）基本单元

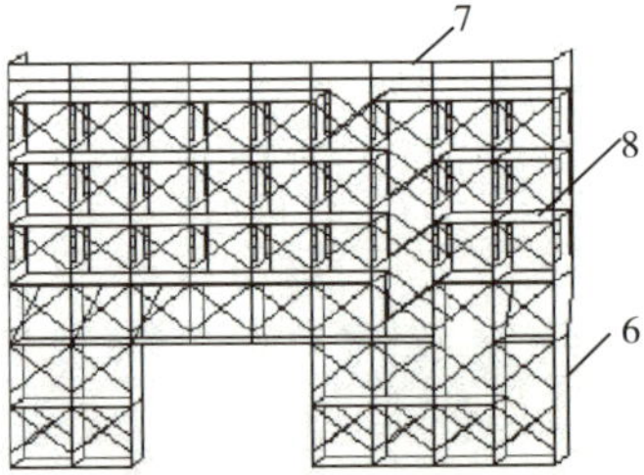

（b）门式外脚手架

1—门式框架；2—剪刀撑；3—水平梁架；4—螺旋基脚；5—连接器；6—梯子；7—栏杆；8—脚手板

门式脚手架具有几何尺寸标准化、搭设拆装简单、稳定性及承载性能好、层间走道平整、操作环境整齐划一、使用安全可靠等特点。

二、门式脚手架搭设及使用要求

（1）搭设塔架之前检查所有零部件，确保所有零部件都合格；塔架安装完后要用水平仪测试塔架是否垂直，方可使用。

（2）门式脚手架单独搭设时，户外使用时最高工作平台不宜超过 8m，室内使用时最高工作平台不宜超过 12m，如超过须咨询相关专家，采取相应的防护措施。

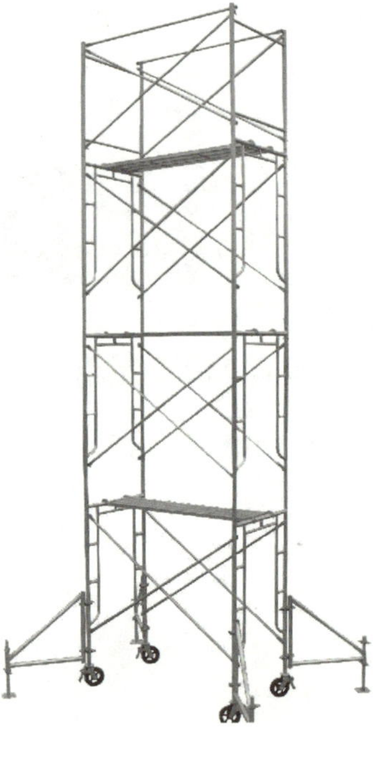

（3）脚手架需移动时首先检查现场环境，以确保没有影响移动因素存在，如地面及周边电气线路布设等情况。如需移动时要保证脚手架的稳定和安全，移动时脚轮不得制动，确保脚轮能转动自如。通过调整脚轮上的可调脚确保移动中的脚手架水平和垂直，移动后，锁好所有的脚轮和加强外支撑与地面的接触。

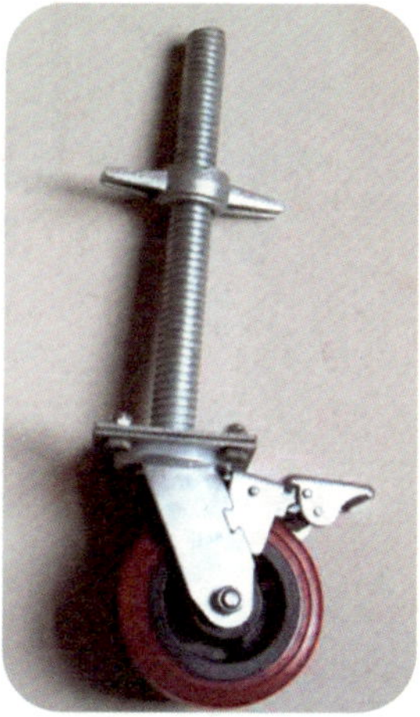

（4）作业人员只能从脚手架中梯子的内侧上下，不得从塔架的外侧上下。不能用踏板连接门式脚手架和建筑物，门式脚手架不能作为楼梯来攀登其他建筑。

（5）不能把梯、盒或其他装备在门式脚手架上作为升高工作台用，工具及材料等只能用手拿，不能从地面向塔架上抛，要考虑相应的重量对塔架的影响。

（6）门式脚手架的移动只能依照程序人工移动，严禁采用机械的方式移动，如拖车或铲车移动；塔架移动后马上制刹并检查脚手架是否垂直稳定。

（7）门式脚手架移动时不得有人或其他物体滞留在踏板上。

（8）门式脚手架单独单元组装时剪刀撑杆与框架连接要插紧锁好，锁紧装置要闭合，组装完成后要对单元逐个检查。

（9）当门式脚手架组合、连片架设时，应在门架上方或下方设置水平加强杆，确保整体的稳定。

第四章

碗、盘扣式脚手架

一、碗、盘扣式脚手架构成及特点

碗、盘扣式脚手架是一种新型承插式钢管脚手架，由齿碗扣接头、碗盖、管材组成，具有拼拆迅速、省力、结构稳定可靠、通用性强、承载力大、易于运输等特点。

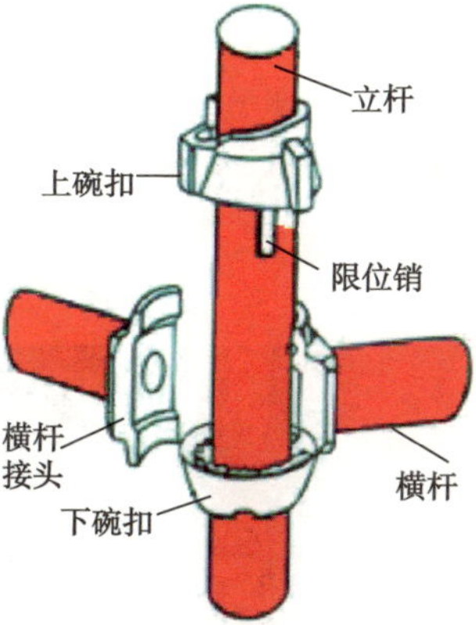

连接前

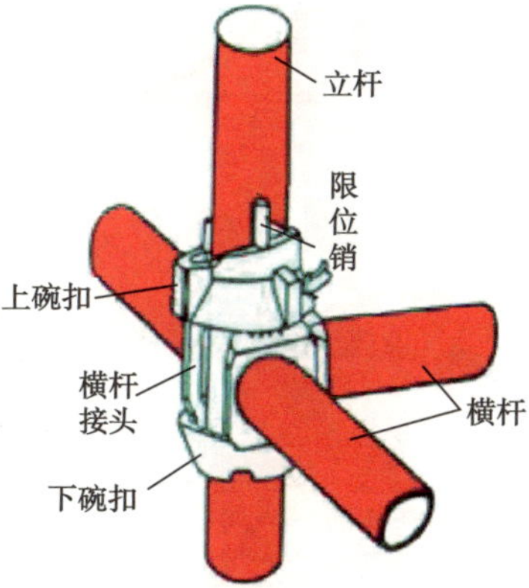

连接后

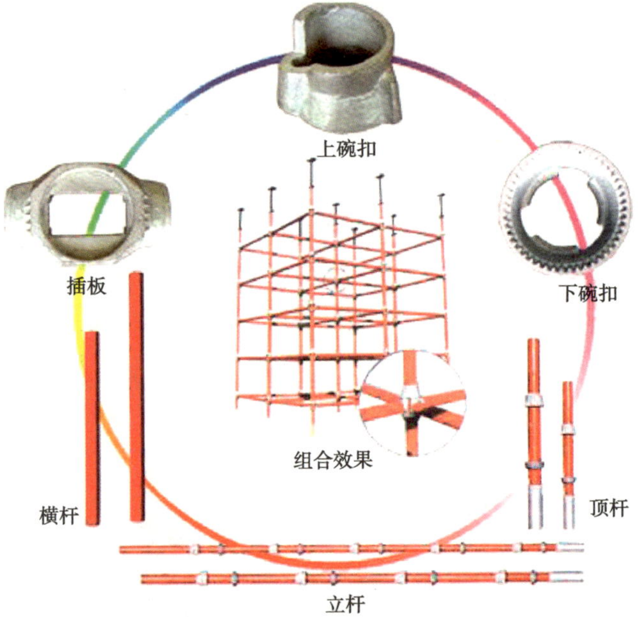

碗扣式脚手架

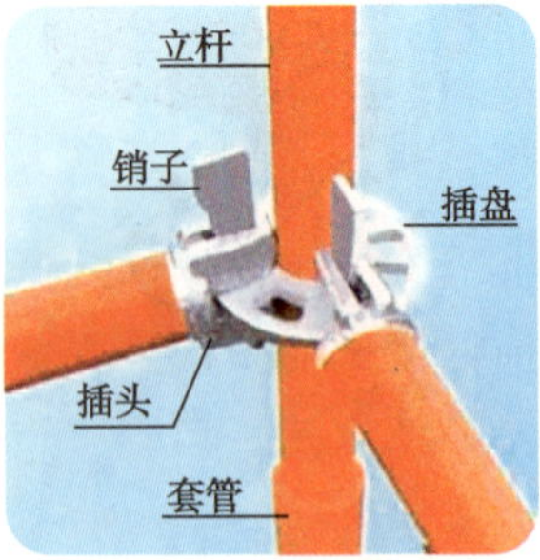

盘扣式脚手架

二、碗、盘扣式脚手架搭设及使用要求

（1）碗、盘扣式脚手架搭设前，要先编制脚手架施工组织设计，明确使用荷载，确定脚手架平面、立面布置，列出构件用量表，制订构件供应和周转计划等。所有构件，必须经检验合格后方能投入使用。

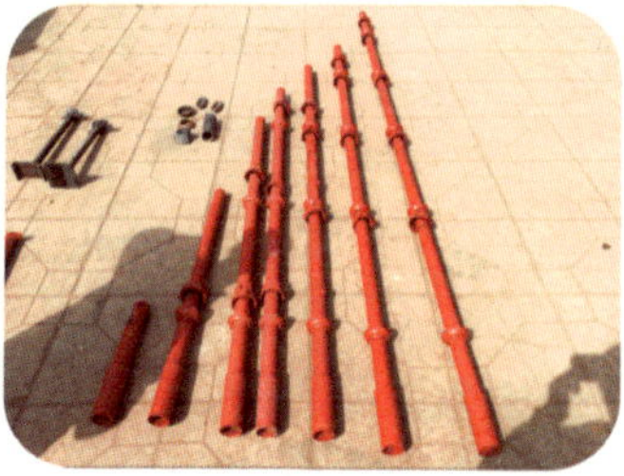

（2）如发现上碗扣扣不紧，或限位销不能插入等情况，应检查立杆与横杆是否垂直，相邻的两个扣件是否在同一水平面上（即横杆水平度是否符合要求）；扣件与立杆的同轴度是否符合要求；横杆接头与横杆是否变形；扣件内有无砂浆等杂物充填；各部件就位后用榔头击紧，不得浮放，如是杆件本身原因，则应拆除，并送去整修。

各部件上灰渣较多，影响安装紧实度

上碗扣未安装到位

（3）脚手架搭设以3~4人一小组为宜，其中1~2人递料，另外两人共同配合搭设，每人负责一端。搭设时，要求至多二层向同一方向，或中间向两边推进，不得从两边向中间合拢搭设，否则中间杆件会因两侧架子刚度太大而难以安装。

（4）立杆最大弯曲变形矢高不超过 *L*/500，横杆斜杆变形矢高不超过 *L*/250，在搭设过程中，应注意调整整架的垂直度，一般通过调整连墙撑的长度来实现，要求整架垂直度小于 1/500*L*，但最大允许偏差为 100mm。

第五章 脚手架检查与验收

一、脚手架检查

（1）对于高度小于 24m 的脚手架工程，由搭设单位自检合格后，报建设单位检查验收。对属于危险性较大（$24m \leq h < 50m$）的脚手架工程，由搭设单位自检合格后，报监理单位检查签字确认。对于属于超过一定规模的危险性较大（$h \geq 50m$）的脚手架工程，应由搭设单位自检合格后，报监理单位和项目属地管理单位共同检查签字确认。

（2）对于能够一次性搭设完成的小型脚手架工程，可一次性组织检查验收；针对大型脚手架的检查验收，应按以下节点分阶段进行：

①脚手架基础处理完工后，尤其是对于超过一定规模的危险性较大的脚手架工程，应检查地基处理是否与方案一致。

②作业层上施加载荷前。

③每搭设完 6~8m 高度后；或达到下一个作业层。

④达到设计高度后。

⑤遇有六级及以上风或大雨后，冻结地区解冻后。

⑥停用超过一个月。

二、脚手架验收

未经验收或验收不合格的脚手架不得使用。验收合格的脚手架不得擅自改动。

三、脚手架搭设常见问题

（1）立杆连接错误，未使用扣件紧固。

（2）作业人员未系挂安全带。

（3）连墙件固定错位。

（4）配电箱、电缆设置错误。

（5）钢管伸出扣件边缘少于 10cm。

（6）局部用胶合板代替脚手板。

（7）基础浸泡于水中；立杆间距过大；立杆扭曲变形。

（8）立杆基础放置在松散、倾斜的土堆上。

（9）脚手板与构筑物间距过大。

（10）作业层脚手板没有铺满、未绑扎。

（11）未安装横向扫地杆。

（12）脚手板间隙过大。

（13）纵向水平杆未使用扣件连接（对接或搭接），未与立杆扣接。

（14）端部脚手板探头长度过长，两端未与支承杆固定。

（15）脚手板没有满铺，扣件钢管易掉下施工面。

（16）堆放物料过多，立杆间距大，缺少横杆固定。

第六章 脚手架拆除

一、定义

脚手架拆除是按照一定的施工方法，将使用完毕的脚手架进行拆除的过程。脚手架拆除前必须编制《脚手架拆除专项方案》。脚手架上部的施工作业内容经确认全部完成后，对脚手架进行拆除。

二、脚手架拆除准备工作

脚手架拆除前应做好下列准备工作：

（1）应全面检查脚手架的扣件连接、连墙件、支撑体系等是否符合构造要求。

（2）应根据检查结果补充完善施工脚手架专项方案中的拆除顺序和措施，经审批后方可实施。

（3）拆除前应对作业人员进行交底。

（4）应清除脚手架上杂物及地面障碍物。

（5）脚手架拆除时，地面应设围栏和警戒标志，并应派专人看守，严禁非作业人员入内。

三、脚手架拆除注意事项

（1）脚手架拆除作业必须由上而下逐层进行，严禁上下同时作业；连墙件必须随脚手架逐层拆除，严禁先将连墙件整层或数层拆除后再拆脚手架；分段拆除高差大于两步时，应先增设连墙件进行加固。

连墙件全部拆除

下部脚手架先拆；上下同时作业

（2）当脚手架拆至下部最后一根长立杆的高度（约6.5m）时，应先在适当位置搭设临时抛撑加固后，再拆除连墙件。当单、双排脚手架采取分段、分立面拆除时，对不拆除的脚手架两端，应先按规定设置连墙件和横向斜撑加固。

（3）架体拆除作业应设专人指挥，当有多人同时操作时，应明确分工、统一行动，且应具有足够的操作面。

（4）拆下的脚手杆、脚手板、钢管、扣件、钢丝绳等材料，应向下传递或用绳吊下，禁止往下投扔。

（5）运至地面的构配件应按品种、规格分别存放。夜间不宜进行脚手架拆除作业。